雷叔玩儿乐高之3 探索篇

主编 王存雷

北京航空航天大学出版社

BEIHANG UNIVERSITY PRESS

内 容 简 介

　　本丛书借助乐高积木的搭建，激发少年儿童的好奇心和探索欲望，提高其动手动脑能力。针对少年儿童不同成长阶段的特点，本丛书分为四个分册，分别是认知篇（针对 3~4 岁）、奇妙篇（针对 5~6 岁）、探索篇（针对 7~8 岁）、科技篇（针对 9 岁以上）。每篇都以故事、生活场景、视频、图画、表演等形式创设情境，提出学习目标，借助积木，运用知识原理，采用不同搭建形式，实现自主探究学习，达成学习目标，实现最终教学成果，并通过课后习题检验知识掌握程度，分享学习过程中的乐趣，体现了跨学科、趣味性、体验性、情境性、协作性、设计性、艺术性、实证性和技术增强性等特点。让高深的知识简单化，让复杂的原理趣味化。

图书在版编目（CIP）数据

　　雷叔玩儿乐高之 3. 探索篇 / 王存雷主编 . -- 北京：

北京航空航天大学出版社，2020.6

　　ISBN 978-7-5124-3219-2

　　Ⅰ .①雷⋯　Ⅱ .①王⋯　Ⅲ .①智力游戏—儿童读物

Ⅳ .① G898.2

　　中国版本图书馆 CIP 数据核字（2020）第 004152 号

雷叔玩儿乐高之 3　探索篇

主编　王存雷

责任编辑　蔡　喆

*

北京航空航天大学出版社出版发行

北京市海淀区学院路 37 号（邮编 100191）http://www.buaapress.com.cn

发行部电话：（010）82317024　　传真：（010）82328026

读者信箱：goodtextbook@126.com　　邮购电话：（010）82316936

艺堂印刷（天津）有限公司印装　各地书店经销

*

开本：710×1000　1/16　印张：4.5　字数：64 千字

2020 年 7 月第 1 版　2020 年 7 月第 1 次印刷

ISBN 978-7-5124-3219-2　定价：25.00 元

若本书有倒页、脱页、缺页等印装质量问题，请与本社发行部联系调换。联系电话：010-82317024

前　言

　　本书适合 7~8 岁的儿童学习。这一年龄段的孩子进入了小学阶段的学习，知觉的有意性和目的性明显发展，能从知觉对象中区分出基本的特征和所需的东西，对时间单位和空间关系的辨别能力也逐渐增强。他们想象的意识性、目的性迅速增加，创造性想象显著发展，想象的内容逐渐丰富，想象的现实性有了较大的提高。他们已经具有一定的抽象概括能力，并且掌握了一些概念，能够初步进行判断和推理，但不善于使自己的思维活动服从于一定的目的任务，在思考问题时往往被一些不相干的事物所吸引，以致离开原有的目的任务。在新的环境和新的规则的影响下，他们比学龄前孩子具有更多的专注力、更强的学习模仿能力和更丰富的想象力，并且可以接受更为抽象的知识。学龄后的孩子可以在熟练掌握这些知识的基础上完成更为精细、复杂的搭建，并运用这些知识做出更为精妙的作品，满足该阶段孩子的好奇心、探究力，帮助孩子掌握更多能力了解世界、改变世界。

　　本书主要应用的教具是 9686 系列，包括电机、杠杆、轮和轴、滑轮、斜面、楔子、螺旋、齿轮、凸轮、棘爪与棘轮等零件，可以组成 18 个主要模型和 37 个原理模型。45300（WeDo2.0）系列包括蓝牙砖 Smarthub、倾斜传感器、移动传感器、马达等零件。WeDo2.0 开发了可视化编程界面，方便孩子进行编程，通过图标拽放就能够进行程序的编写。

目　录

拱形桥

　　拱形桥是半圆凸弧的桥梁，主要材料是圬工、钢筋砼，适用范围视材料而定。其跨径为几十米到 300 多米，目前中国最大的跨径钢筋混凝土拱桥为 170 米。拱肋为其主要承重构件，受力特点为拱肋承压、支承处有水平推力。

知识要点

（1）拱形桥的特点

　　拱形桥优点如下：

① 拱形结构可以把受力分散到两端，使拱桥有较强的承载能力；

② 材料的适应性强;

③ 桥形美观;

④ 耐久性好,养护维修费用低。

拱形桥的缺点如下:

① 有水平推力的拱桥,对地基基础要求较高,多孔连续拱桥互相影响;

② 跨径较大时,自重较大,对施工工艺等要求较高;

③ 建筑高度较高,对稳定不利。

(2)拱形的特点

① 拱形可以是平面的也可以是立体的,拱形可以是圆或圆柱体的一部,有时还可以是球形的一部分,可以是抛物线、椭圆的一部分;

② 拱形受压时会把压力力传给相邻的部分抵住拱足散发的力,从而可以承受更大的压力,所以拱形所能承受的重量更大。

💡 想一想

① 拱形桥有哪些特点?

② 可以利用哪些乐高积木搭建一座拱形桥?

搭建拱形桥的步骤。

步骤 1　搭建桥墩

步骤 2　搭建桥梁

步骤 3　固定桥梁和桥墩

步骤 4　搭建完成

说一说

① 拱形桥有哪些特点？在长江之上为什么没有拱形桥？

② 我国著名的拱形桥都有哪些？

案例 2

伸缩拳头

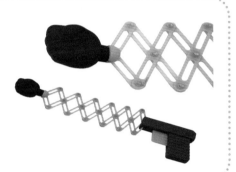

伸缩拳头是平时用来搞怪的一种玩具。它可以收缩成很短的长度，扳动开关后就可以伸展到很远的距离。它是如何实现这种伸缩变化的呢？

知识要点

（1）三角形

① 定义：三条线段首尾依次相连组成的封闭的几何图形。

② 性质：具有稳定性，不易变形。

③ 应用：篮球架、自行车架、秋千支架三角衣架等。

（2）四边形

① 定义：四条线段首尾依次相连组成的封闭的几何图形。

② 性质：具有不稳定性，易变形。

③ 应用：伸缩门、栅栏、伸缩衣架等。

（3）如何加固四边形

利用三角形稳定原理，将四边形分隔成三角形。

想一想

① 伸缩拳头应该由什么形状构成？
② 这个形状能够把两边都固定起来吗？

搭建步骤

搭建伸缩拳头的步骤。

步骤 1　搭建伸缩结构

步骤 2　搭建把手

步骤3 搭建拳头

步骤4 搭建完成

如果四边形的东西不结实了，可以怎样进行加固？

案 例 3

走钢丝的小人

不倒翁是一种特别"神奇"的玩具，无论怎么推都不会倒，一直可以保持直立。大家是不是也在电视上看见过"达瓦孜"的这种杂技表演？它们之间有相同的原理吗？

⭐ 知识要点

（1）重心

　　重力是作用于物体的每个位置的，但这样不利于受力分析。所以我们把重力的所有作用效果综合起来，变成作用于某一点上的一个与所有重力的合力等效的力。这个力的作用点就是重心。

（2）重心位置

　　质量均匀分布的物体（均匀物体），重心的位置只跟物体的形状有关。规则形状的物体，它的重心就在几何中心上。

（3）不倒翁原理

　　重心越低越稳定。当不倒翁在竖立状态处于平衡时，重心和接触点的距离最小，即重心最低。偏离平衡位置后，重心总是升高的。因此，这种状态的平衡是稳定平衡。所以不倒翁无论如何摇摆，总是不倒的。

💡 想一想

① 走钢丝的人为什么不会掉下来？他手里的长杆起什么作用？
② 可以利用什么作为钢丝，又利用什么作为长杆？

搭建步骤

搭建走钢丝的小人的步骤。

步骤 1　搭建配重

步骤 2　搭建小人

步骤 3　搭建完成

① 轮胎在什么位置时，小人可以不倒？

② 不倒的时候，重心处于什么位置？

案例 4

天 平

> 天平是一种衡器，它依据扛杆原理制成，在杠杆的两端各有一个小盘，其中一个盘里放着已知质量的物体，另一个盘里放待测物体，杠杆中央装有指针两端平衡时，两端的质量相等。

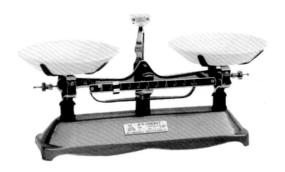

⭐知识要点

① 天平是一个等臂杠杆，象征着公平、公正。
② 杠杆即可以绕固定点转动的硬棒，可以是任意形状的硬棒。
③ 杠杆的三要素：支点、力臂、作用力。

④ 根据力臂之间的关系，杠杆可以分为三种：

　　a. 省力杠杆，动力臂＞阻力臂，可以放大力量，如起件器、开瓶器等。

　　b. 费力杠杆，动力臂＜阻力臂，可以节省空间，如道闸、钓鱼竿、理发师的剪刀等。

　　c. 等臂杠杆，动力臂＝阻力臂，如天平、跷跷板等。

想一想

① 天平由哪些部分组成？

② 怎样利用乐高搭建一座天平？

搭建步骤

天平的搭建步骤。

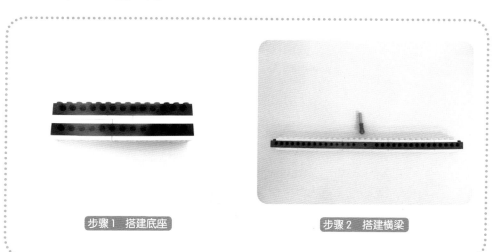

步骤 1　搭建底座

步骤 2　搭建横梁

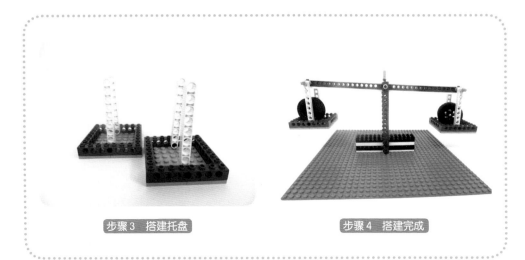

步骤 3 搭建托盘　　　　　　　　步骤 4 搭建完成

① 利用天平测量物体质量的原理是什么？

② 玩跷跷板时，想让自己变得更轻一些，应该怎么办？

案例 **5**

投石车

　　投石车是利用杠杆原理抛射石弹的大型人力远射兵器，它的出现是技术的进步，也是战争的需要。在中国象棋中，黑方的炮写作"砲"，就是投石车它在春秋时期已开始使用，隋唐以后成为攻守城的重要兵器。但宋代较隋唐有进一步的发展，不仅用于攻守城，而且用于野战。古书中的"抛石""飞石"指的就是投石车。在古代西方，投石车也是主要进攻手段之一，波斯人、希腊人都曾经大量地使用。

⭐ 知识要点

① 利用三角形的稳定性，构建支架部分。
② 费力杠杆的特点：费力，但节省空间。
③ 投石最高点不是力臂竖直状态，而是到达一定高度后，
　 让石头以抛物线形式快速抛出。

💡 想一想

① 投石车分为几个部分？
② 怎样利用乐高积木搭建投石车？

🔲 搭建步骤

搭建投石车的步骤。

步骤 1　搭建车身

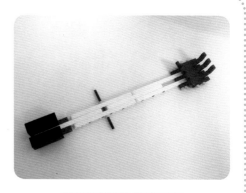

步骤 2　搭建横梁和料斗

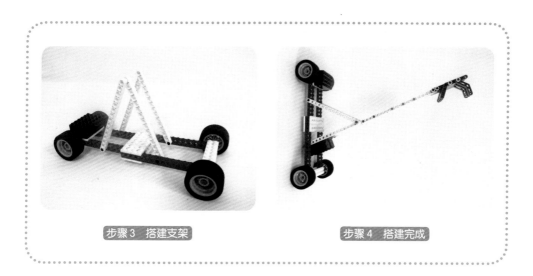

步骤 3　搭建支架　　　　　步骤 4　搭建完成

为了使士兵扔石头时省力些，可以怎么做？

案 例 **6**

道 闸

道闸又叫挡车器，是道路上专门用于限制机动车行驶的通道出入口管理设备，现广泛应用于公路收费站、停车场系统车辆管理通道。我们和爸爸妈妈开车回家或

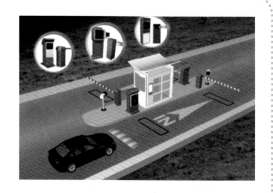

者出去玩的时候，是不是都能看到呢（一根横杆，车来了杆子可以抬起来，车过去，杆子放下来）？

知识要点

（1）道闸

道闸由减速箱、电机、传动机构、平衡装置、机箱、闸杆支架、闸杆等部分组成。

（2）汉堡包结构

汉堡包结构类似生活中的汉堡包。两块凸点梁中间夹了两块板，上面的梁和下面的梁的销孔刚好是三个单位，从而可以把梁直接连起来。

想一想

① 道闸由哪几部分组成?

② 利用马达控制横杆抬起和放下时, 应该加速还是减速?

搭建步骤

搭建道闸的步骤。

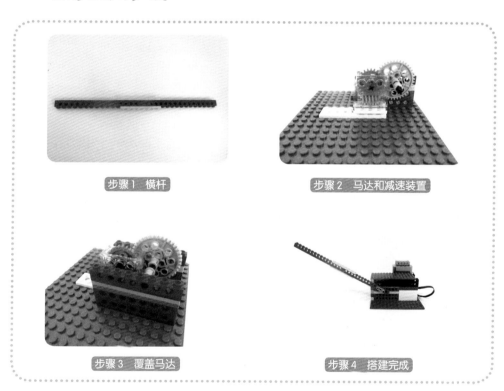

步骤1　横杆

步骤2　马达和减速装置

步骤3　覆盖马达

步骤4　搭建完成

说一说

① 道闸的横杆是不是也是一个杠杆?

② 道闸杠杆是省力杠杆还是费力杠杆?

案例 7

旋转飞椅

　　大家周末去游乐园时有没有观察过哪些设施是旋转的？那么有没有玩过一种有很多椅子，机器启动后椅子会飞起来的游乐设施？对，它就是旋转飞椅。想一想，椅子为什么会飞起来呢？

⭐ 知识要点

① 学习利用冠状齿轮与直齿轮配合，或者锥齿轮与锥齿轮配合，改变转轴的方向；

② 学会用带孔薄片或者轴连接器进行竖直轴的固定；

③ 椅子飞起是因为离心力，速度越大离心力越强；离心力是做圆周运动的物体受到的一种远离中心的力。

想一想

① 旋转飞椅由哪些部分组成?
② 飞椅的各个部分可以利用哪些乐高积木实现?

 搭建步骤

搭建飞椅的步骤。

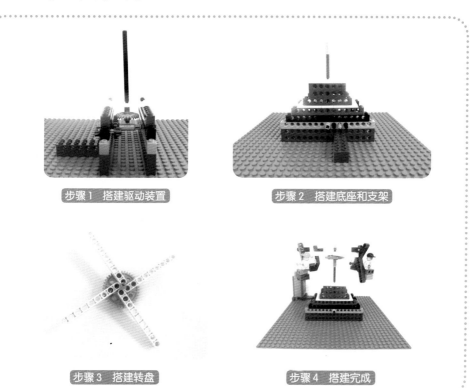

步骤 1　搭建驱动装置

步骤 2　搭建底座和支架

步骤 3　搭建转盘

步骤 4　搭建完成

说一说

除旋转飞椅,生活中还有哪些地方可以感受或利用到离心力?

案例 8

传送带

17世纪中叶，美国开始利用架空索道传送散状物料；19世纪中叶，各种现代结构的传送带输送机相继出现。1868年，英国出现了皮带式传送带输送机；1887年，美国出现了螺旋输送机；1905年，瑞士出现了钢带式输送机；1906年，英国和德国出现了惯性输送机。此后，传送带输送机在机械制造、电机、化工和冶金工业技术进步的影响下不断完善，逐步由完成车间内部的传送，发展到完成在企业内部、企业之间甚至城市之间的物料搬运，成为物料搬运系统机械化和自动化不可缺少的组成部分。

★ 知识要点

① 链传动：将两个链轮通过链条连接到一起，并将动力从一个链轮传递到另一个链轮，如自行车。

② 链传动与皮带传动相比，不打滑、噪声大、承载能力高。

③ 链传动与齿轮传动相比，两个链轮转向相同，可以远距

离传动，承载能低。

④ 齿形带传动：皮带为齿形，不打滑，传动平稳，广泛应
用于物流、生产线等。

💡 **想一想**

① 传送带由哪几部分组成？

② 可以利用哪些乐高零件来实现齿形带传动？

🧱 **搭建道闸**

搭建传送带的步骤。

步骤 1　搭建底座和支架

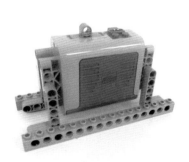

步骤 2　固定电池盒

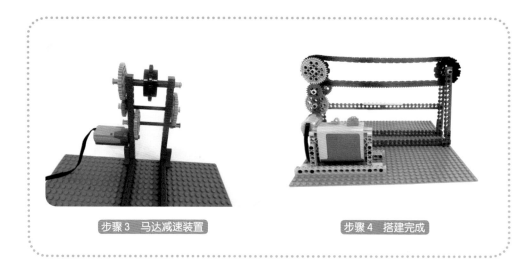

步骤3 马达减速装置　　　　　　步骤4 搭建完成

在生活中，可以将传送带用在哪些领域？

案 例 9

单轨铁路

单轨铁路是铁路的一种，其特点只有一条轨道，而非传统铁路的两条平衡路轨。单轨铁路的路轨一般以混凝土制造，比普通钢轨宽很多。和城市轨道

交通系统相似，单轨铁路主要应用在城市人口密集的地方，用来运载乘客。也有在游乐场内建筑的单轨铁路，专门运送游客在游乐园内运行。

★ 知识要点

① 齿条齿轮配合，将圆周运动转为直线运动。
② 轮系传动中有主动轮和从动轮。主动轮是带动其他轮转动的轮，也就是将动力传给其他轮；从动轮是被动的转动，是将主动轮传递的动力传出的轮子。
③ 主动轮和从动轮都是相对的，同一个齿轮在不同的齿轮组中所处的地位也是不同的。

想一想

① 单轨列车由哪几部分组成?
② 可以利用乐高哪些零件作为轨道,又利用哪些作为车轮呢?

搭建步骤

搭建单轨列车的步骤。

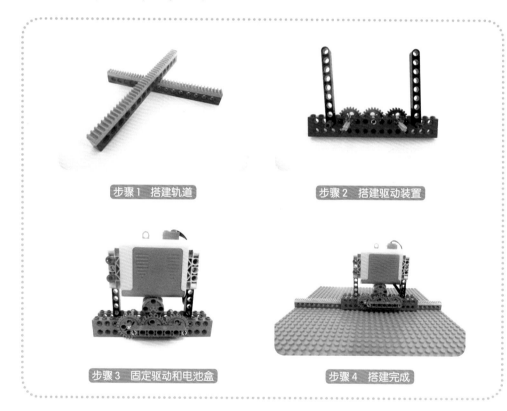

步骤1 搭建轨道

步骤2 搭建驱动装置

步骤3 固定驱动和电池盒

步骤4 搭建完成

 说一说

单轨列车中,哪个是主动轮,哪个是从动轮?

案 例 ⑩

钓鱼竿

　　大家有没有跟家人或朋友去钓过鱼？有没有仔细地观察过钓鱼竿？

知识要点

① 滑轮的定义：滑轮是一个周边有槽、能够绕轴转动的小轮，是一种简单机械。

② 鱼竿顶端为定滑轮，定滑轮可以改变力的方向。

③ 棘轮棘爪的特点：棘轮只能朝一个方向转动，防止线轴回转。

想一想

① 钓鱼竿由哪几部分组成?
② 可以利用哪些乐高零件来搭建钓鱼竿?

搭建步骤

搭建钓鱼竿的步骤。

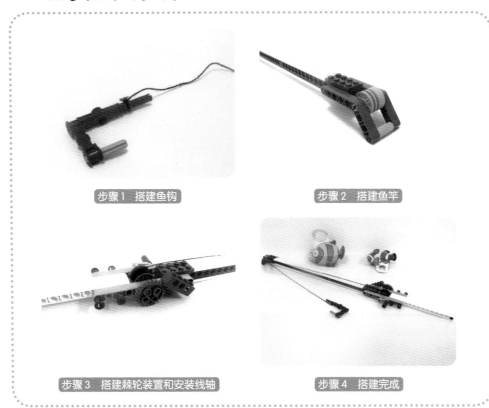

步骤 1 搭建鱼钩

步骤 2 搭建鱼竿

步骤 3 搭建棘轮装置和安装线轴

步骤 4 搭建完成

 说一说

钓鱼竿是否属于杠杆? 它属于哪种类型的杠杆?

案 例 **11**

回力车

有一种玩具，相信大家小时候都玩过。它是一辆小车，用手将小车向后拉动一段距离，当手松开后小车会自动向前奔跑，大家一定已经猜出了它是什么车，对，就是回力车。那大家知道它是怎么工作的吗？

⭐ 知识要点

① 弹性势能：发生弹性形变的物体具有的能量。弹性形变是一种可以恢复的形变。

② 影响弹性势能的因素：形变量。同一弹性物体在一定范围内形变越大，具有的弹性势能就越多，反之，则越小。

③ 生活中利用弹性势能的案例：蹦极、汽车减震、跳水跳板、跳跳床、弹簧秤、拉力器、测力器、弓箭、弹弓等。

💡 想一想

① 利用什么可以带动小车向前进?
② 应该做加速还是减速?

🧱 搭建步骤

搭建回力车的步骤。

步骤1 搭建车身   步骤2 搭建支架

步骤3 搭建活动齿   步骤4 搭建完成

 说一说

回力车的原理是什么? 活动齿轮有什么作用?

案例 12

风力小车

大家知道什么是清洁能源吗？在北方地区，利用比较多的清洁能源又是什么呢？对，就是太阳能和风能，下面我们就利用风能来搭建一辆小车。

⭐ 知识要点

① 风能，空气流动所产生的动能，是太阳能的一种转化形式，属于可再生能源（水能、生物能等）。

② 再生能源包括太阳能、水能、风能、生物质能、波浪能、潮汐能、地热能等。

③ 空气流速越高，动能越大，风能可以转换为电能。

想一想

① 风力小车利用什么来采集风能?
② 应该搭建一辆加速还是减速的小车?

搭建步骤

搭建风力小车的步骤。

步骤 1　搭建扇叶

步骤 2　搭建减速装置

步骤 3　搭建动力传递装置

步骤 4　搭建完成

 说一说

如果想顺风前进,应该怎样搭建?想逆风前进又应该怎么办?

案 例 13

惯性车

小朋友们用手推一辆小车，手离开后，小车会很快停止前进，但是，如果上面加上一个与之相连的飞轮后就不会这样了，这是为什么呢？因为惯性，接下来我们就来搭建一辆惯性车。

⭐ 知识要点

（1）惯性是具有保持静止状态或匀速直线运动状态的性质，即保持运动状态不变的性质，一切物体都具有惯性。

（2）惯性是物体固有的属性。静止车辆突然前进，由于惯性，人的身体会向后仰；前进车辆突然停止，由于惯性，人的身体会向前倾。

（3）惯性与质量有关，质量越大，惯性越大。

💡 想一想

① 惯性车的飞轮应该安装在什么位置？
② 应该做加速还是减速？

🧱 搭建步骤

搭建惯性车的步骤。

步骤1　搭建车身

步骤2　搭建减速装置

步骤3　固定驱动装置

步骤4　搭建完成

 说一说

在哪个飞轮的作用下，小车走得最远？为什么？

案例 14

砸椰子机

夏天到了，天气很热，我们喜欢喝椰子汁来解渴，但是椰子壳很硬，怎样才能很省力地打开椰子呢？下面我们就搭建一个砸椰子机。

知识要点

① 凸轮机构是由凸轮、从动件和机架三个基本构件组成的高副机构。凸轮是一个具有曲线轮廓或凹槽的构件，一般为主动件，作等速回转运动或往复直线运动。从动件一般做间歇运动或往复运动。

② 重锤的高度越高，得到的速度越快，砸到椰子上面的力量越大。凸轮支撑点离转动支点越近，重锤的高度越高。

想一想

① 砸椰子机由哪几部分组成？

② 可以利用什么零件实现锤子的快速上下？

 搭建步骤

搭建砸椰子机的步骤。

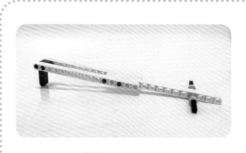

步骤1 搭建横梁

步骤2 搭建支架

步骤3 安装凸轮和减速装置

步骤4 搭建完成

说一说

说一说生活中哪些地方利用到了凸轮？

案例 15

伸缩门

伸缩门，就是靠门体自由伸缩移动，来控制门洞大小，进而控制行人或车辆的拦截和放行的一种门。伸缩门主要由门体、驱动电机，滑道、控制系统构成。门体采用优质不锈钢及铝合金专用型材制作，利用平行四边形原理铰接，伸缩灵活行程大。驱动器采用特种电机驱动，蜗杆蜗轮减速，并设有自动离合器或手动离合器。自动离合器在停电时可自动

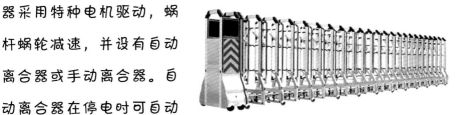

启闭，手动离合器在停电时可手动启闭。控制系统有控制板、按钮开关，也可根据需求配备无线遥控装置。

知识要点

① 利用平行四边形的不稳定性搭建门的主体部分，使其可以伸缩变形。

② 掌握蜗轮蜗杆机构的特点：

a. 减速比高，承载能力强；

b. 具有自锁性，即只能蜗杆带动蜗轮，而不能由蜗轮带动蜗杆。

💡 想一想

① 伸缩门由哪几部分组成？

② 伸缩门的小车部分应该怎样搭建？

🧱 搭建道闸

搭建伸缩门的步骤。

步骤 1 搭建伸缩门体

步骤 2 搭建减速装置

步骤 3 搭建伸缩门驱动装置

步骤 4 搭建完成

说一说

平行四边形的不稳定性除了在伸缩门上使用外，还在哪些其他的地方应用？

案 例 16

单向转弯车

大家都知道，一辆车的直行和转弯都是分开控制的，那么大家有没有见过一个马达既可以让车直行，又可以让它转弯？

知识要点

① 驱动轮向前滚动时，会带动小车整体前进。
② 驱动轮反倒转动时，会和地面产生横向的摩擦力，推动小车转弯。

想一想

① 小车驱动轮应该安装在车体前方还是后方？
② 怎样实现驱动轮翻滚？

搭建步骤

搭建单向转弯车的步骤。

步骤1　固定马达

步骤2　搭建车身

步骤3　搭建动力传动机构

步骤4　搭建完成

 程序示例

程序示例

说一说

如果想让小车向相反的方向转动，应该怎么办？

案 例 17

倾斜传感器

　　倾斜传感器又称作倾斜仪、测斜仪、水平仪、倾角计，常用于测量系统的水平角度变化。随着自动化和电子测量技术的发展，水平仪已从过去简单的水泡水平仪转变为现在的电子水平仪。作为一种检测工具，它已成为桥梁架设、铁路铺设、土木工程、石油钻井、航空航海、工业自动化、智能平台、机械加工等领域不可缺少的重要测量工具。电子水平仪是一种非常精确的测量小角度的检测工具，可测量被测平面相对于水平位置的倾斜度、两部件相互平行度和垂直度。

⭐ 知识要点

　　① 倾斜传感器的几种状态。

　　　　a. 向彼侧倾斜，也是向外侧倾斜。

　　　　b. 向此侧倾斜，也是向内侧倾斜。

c. 向上倾斜。

d. 向下倾斜。

e. 震动。任意状态变化。

f. 水平。

① 倾斜传感器不能单独使用，一般和  等待模块一起使用，或者和  循环模块一起使用。

② 根据任务要求编写程序。注意模块的先后顺序一定和动作的先后顺序一致。

💡 想一想

① 搭建时，把倾斜传感器放在哪里效果比较好？

② 编写程序时，怎样利用倾斜传感器？

🧱 搭建步骤

搭建倾斜传感器的步骤。

步骤 1 搭建驱动装置

步骤 2 搭建倾斜传感器

步骤 3　搭建车身　　　　　　步骤 4　搭建完成

程序示例

程序示例

　　倾斜传感器除了可以用来检测水平角度以外，还可以用来做什么？

案 例 18

直升机

作为 20 世纪航空技术极具特色的创造之一，直升机极大地拓展了飞行器的应用范围。它是典型的军民两用产品，可以广泛应用在运输、巡逻、旅游、救护等多个领域。

直升机的最大时速可达 300 千米 / 小时以上，俯冲极限速度近 400 千米 / 小时，实用升限可达 6 000 米（世界纪录为 12 450 米），一般航程可达 600 ~ 800 千米。携带机内、外副油箱转场航程可达 2 000 千米以上。

⭐ 知识要点

① 了解直升机的两种螺旋桨的作用：主螺旋桨提供向上的升力，尾部螺旋桨用来保持平衡、控制方向。
② 两根传动轴成直角时，利用锥形齿轮或者冠齿；成钝角时，利用万向节。

①　直升机由哪几部分组成？

②　怎样利用一个马达来实现这些传动？

搭建步骤

搭建直升机的步骤。

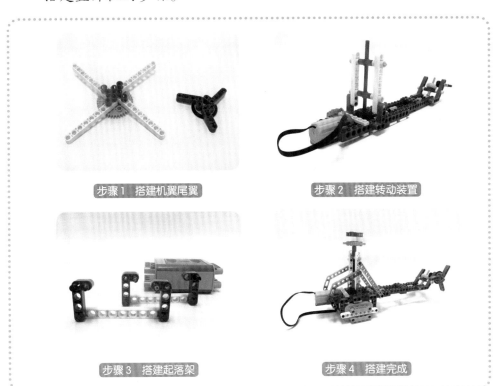

步骤1　搭建机翼尾翼

步骤2　搭建转动装置

步骤3　搭建起落架

步骤4　搭建完成

说一说

直升机与其他飞机相比有什么优缺点？直升机主要应用在那些领域？

气动升降台

升降台是一种垂直运送人或物的起重机械，也指在工厂、自动仓库等物流系统中进行垂直输送的设备，升降台上往往还装有各种平面输送设备，作为不同高

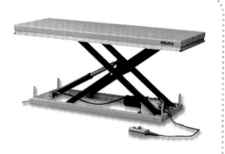

度输送线的连接装置。除应用于不同高度的货物输送外，其还广泛应用于高空的安装、维修等作业。其一般采用液压驱动，故称液压升降台。下面我们利用压缩空气作为动力搭建一个升降台，称为气动升降台。

⭐ 知识要点

（1）介绍气动的概念

气动就是以压缩空气为动力源，带动机械完成伸缩或旋转动作。利用空气具有压缩性的特点，吸入空气压缩储存，空气便像弹簧一样具有了弹力，然后用控制元件控制其方向，带动执行元件的旋转与伸缩。从大气中吸入多少空气，就会排出多少空气到大气中，不会产生任何化学反应，也不会消耗污染空气的任何成分。另外，气体的黏性较液体要小，所以流动速度快，也很环保。

（2）升降台的结构

　　气动升降台的组成部分为：底盘、伸缩架、工作台、气缸，以及压缩空气源。

想一想

① 怎样连接气缸和伸缩架来实现工作台的上下？
② 用什么控制气缸活塞的伸缩？

搭建步骤

搭建气动升降台的步骤。

步骤1　搭建车身底部及气缸、换向阀

步骤2　搭建上面平台

步骤 3　搭建伸缩部分

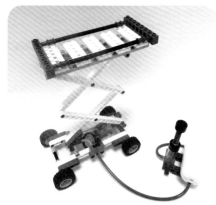

步骤 4　将各部分连接到一起，
并连接气泵及储气罐，搭建完成

说一说

　　气动升降台的组成部分——气缸，是怎样推动升降台上下的？气压传动的特点是什么？它可以应用在什么设备上？

案 例 **20**

三轮车

三轮车，顾名思义有三个轮子。它是一种由自行车改造而成的交通工具，可以载人也可以运货。三轮车的前轮是独轮，负责转向，车辆的前进方向和前轮的方向保持一致，后轮负责提供前进的动力。三轮车一般分为人力三轮车和机动三轮车。

⭐ 知识要点

（1）结构组成

三轮车主要由前轮、车把（控制前轮的方向）、后轮（2个）、马达（提供动力）、差速器组成。

（2）差速器

差速器是能够使左、右（或前、后）驱动轮实现以不同转速转动的机构。其主要由左右半轴齿轮、两个行星齿轮及齿轮架组成。其作用为当汽车转弯行驶或在不平坦的路面上行驶时，使左右车轮以不同转速滚动，即保证两侧驱动车轮做纯滚动运动。差速器是为了调整左右轮的转速差而设置的。

💡 想一想

① 怎样控制前轮的转向，使它可以一直沿着桌边行驶？
② 后轮为什么要用差速器？

🧱 搭建步骤

搭建三轮车的步骤。

步骤1 搭建三个轮子，后轮安装差速器

步骤2 安装马达

步骤 3　前轮安装导向杆

步骤 4　固定电池盒，导向杆加长，搭建完成

说一说

　　三轮车是靠什么控制方向的？怎样做到桌角自动转弯？后轮差速器的作用是什么，没有差速器可不可以？

案　例 21

四轮转向车

大家都认识汽车，它是我们出门不可缺少的代步工具，一般有四个轮子，并且无论前驱、后驱，还是四驱车，都是依靠方向盘控制前轮来进行转向的。那么大家是否知道，方向盘怎样控制前轮转向的？

⭐ 知识要点

（1）转向系统

去除助力机构和传感器部分，普通车辆的转向系统转向的基本原理为：动力源来自方向盘，通过轴将动力传递到小齿轮，小齿轮再带动齿条左右摆动，最后齿条的左右摆动带动左右两个前轮摆动，并且两个前轮一直保持平行。

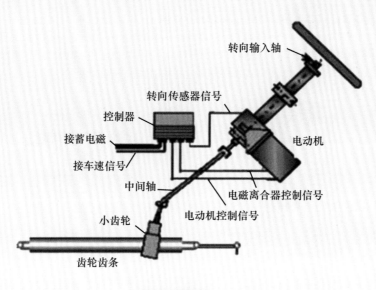

转向输入轴

转向传感器信号

控制器

接蓄电磁

接车速信号

中间轴

小齿轮

齿轮齿条

电动机

电磁离合器控制信号

电动机控制信号

车辆转向系统

（2）平行四边形

　　齿条、两个前轮和连接齿轮，以及齿条的连接器共同构成了一个平行四边形。平行四边形的结构特点使其能够保证两个前轮可以摆动，并且还可以保持始终平行。

想一想

①　怎样利用乐高积木构建前轮转向机构？
②　后轮驱动部分是否需要安装差速器？

搭建步骤

搭建四轮转向车的步骤。

步骤 1　前轮转向机构

步骤 2　后轮安装动力机构及差速器

步骤 3　前后联合

步骤 4　固定电池盒，搭建完成

说一说

四轮转向车由哪几部分组成？前轮的转向原理是什么？
后轮的动力传动方式是什么？为什么要加上差速器？

案例 22

小怪"拉磨"

在没有面粉厂、没有现代机械的时候，祖先们为了将面粉从小麦中提取出来，发明了磨。它有上下两个磨盘，下面的磨盘静止，上面的磨盘靠人或动物拉动，这样将面粉研磨出来。下面我们就根据这个设施搭建一个两条腿的"小怪"并让它来"拉磨"。

★ 知识要点

（1）结构组成

磨盘支架、磨盘（用电池盒代替）、可以走路的小人、将人和磨能够连接在一起的杆。

（2）连杆机构

连杆机构将圆周运动转换为直线运动。利用连杆机构带动"小怪"的两条腿前后摆动，并能围绕磨盘转动。

💡 想一想

① 怎样让"小怪"两条腿前后走动的时候还可以保持平衡？
② "小怪"应该怎样拉着磨转动？

🧱 搭建步骤

搭建"小怪"拉磨的步骤。

步骤1 搭建磨盘

步骤2 搭建小怪身后连接杆

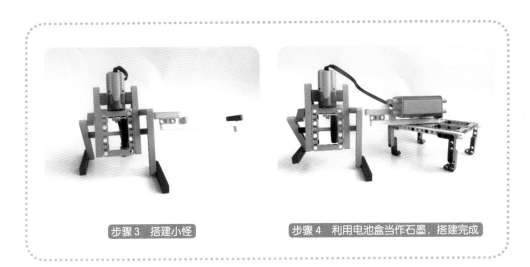

步骤 3　搭建小怪　　　　　步骤 4　利用电池盒当作石墨，搭建完成

说一说

　　小怪的两条腿是怎样摆动的？小怪的身体重心是怎样平衡的？为什么它不会摔倒？为了走起来更协调，它的脚怎样安装比较好？

案 例 23

遥控车

遥控车是孩子们最喜欢的玩具之一，它由两部分组成，一部分是车模型，另一部分就是遥控器。我们不需要坐到车里，就可以控制车的前进、后退、左转、右转，非常棒吧？下面我们就利用 WEDO 来搭建一辆遥控车。

☆ 知识要点

（1）结构组成

① 前轮转弯系统：利用齿轮齿条配合完成转弯系统；

② 后轮驱动：车辆转弯时，左右两个车轮会产生速度差，所以后轮要安装差速器。

（2）控制系统

① 利用倾斜传感器控制车的前进、后退、左转和右转。
② 每种状态对应车的几种运动方式。

想一想

① 怎样搭建转弯系统？怎样固定马达？
② 利用哪个模块可以实现前进、后退、左转、右转几个程序同时进行？

搭建步骤

搭建遥控车的步骤。

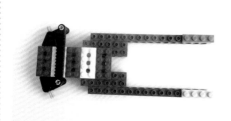

步骤 1　搭建前轮转向机构

步骤 2　搭建后轮动力机构，并连接到一起

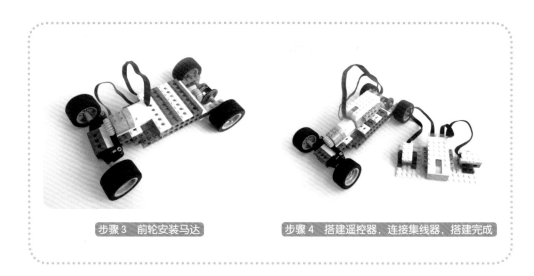

步骤 3　前轮安装马达　　　　　　步骤 4　搭建遥控器，连接集线器，搭建完成

程序示例

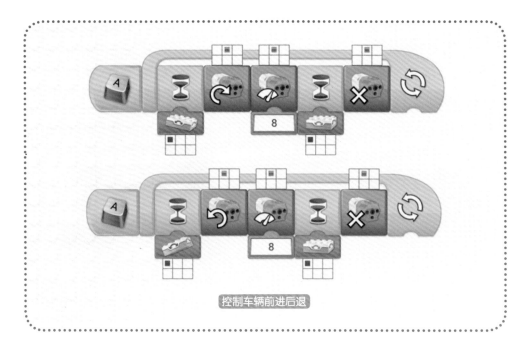

控制车辆前进后退

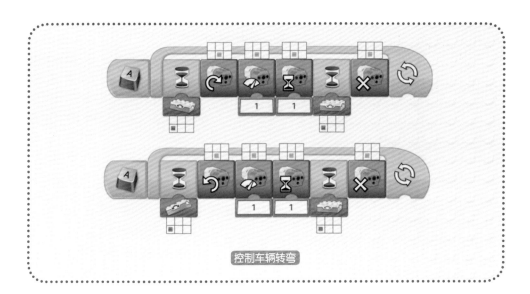

控制车辆转弯

说一说

　　遥控车的组成部分有哪些？它是怎样实现转弯的？控制器又是怎样控制车辆的？如何搭建一辆无线遥控车？

案 例 24

移动篮筐

　　游戏厅里的投篮机大家都不陌生，当投篮进球后，它会发出欢呼声，并能显示出已经进球个数。下面我们也来搭建一个这样的篮筐吧。

⭐ 知识要点

（1）传动装置

　　利用齿轮齿条传动，将齿轮的圆周运动转换为齿条的直线运动。注意篮筐需要支架和滑动轨道，这样就可以左右移动了。

（2）计数装置

　　利用运动传感器检测球是否投进篮筐，并利用运算模块来计数。计数时，注意分值的初始化，这样才能保证每次重新开始后，数字归零。

💡 **想一想**

① 齿条安装在篮筐上还是支架上？

② 游戏开始后，篮筐移动、进球计数和欢呼声三条程序怎样同时运行？

🧱 **搭建步骤**

搭建移动篮筐的步骤。

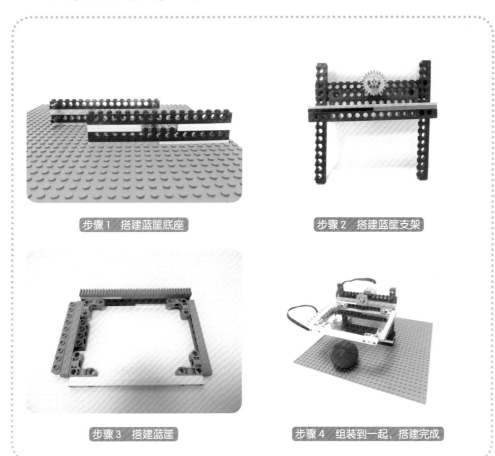

步骤 1 搭建篮筐底座

步骤 2 搭建篮筐支架

步骤 3 搭建篮筐

步骤 4 组装到一起，搭建完成

💻 程序示例

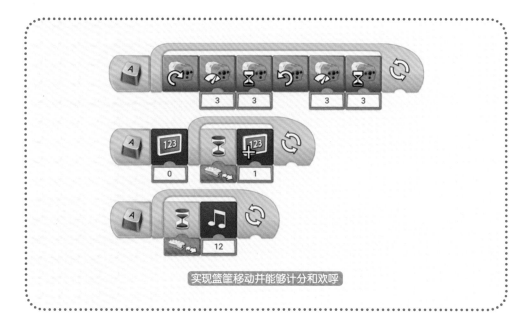

实现篮筐移动并能够计分和欢呼

 说一说

　　篮筐是怎样实现左右移动的？计数器是怎样计算进球个数的？怎样实现多条程序的同时运行？

案 例 25

变速风扇

电风扇简称电扇，也称为风扇、扇风机，是一种利用电动机驱动扇叶旋转来达到使空气加速流通的家用电器，广泛用于家庭、教室，办公室、商店、医院和宾馆等场所。下面我们就来搭建一台可以变速的风扇吧。

⭐ 知识要点

（1）结构组成

风扇主要由扇头、叶片、网罩和控制装置等部件组成。扇头包括电动机、前后端盖和摇头送风机构等。

（2）控制系统

风扇一般分为多个档位，有高、中、低三档，还有"停"档。利用倾斜传感器的几种倾斜状态分别对应风扇的这四个档，四条程序同时运行。

💡 想一想

① 风扇的结构是什么样的？
② 风扇是如何实现变速的？

🧱 搭建步骤

搭建变速风扇的步骤。

步骤 1 搭建扇叶

步骤 2 搭建底座及支架

步骤 3 搭建控制装置

步骤 4 组装到一起，搭建完成

程序示例

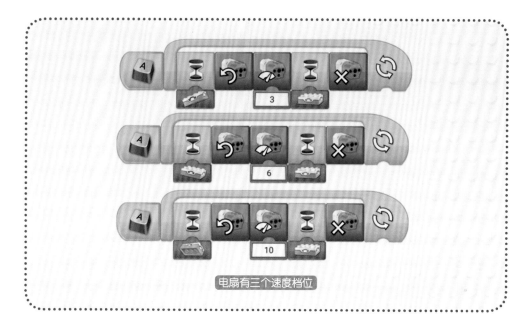

电扇有三个速度档位

　　　风扇的结构组成是什么？它是依靠什么进行变速的？
怎样实现一个按钮多个速度？